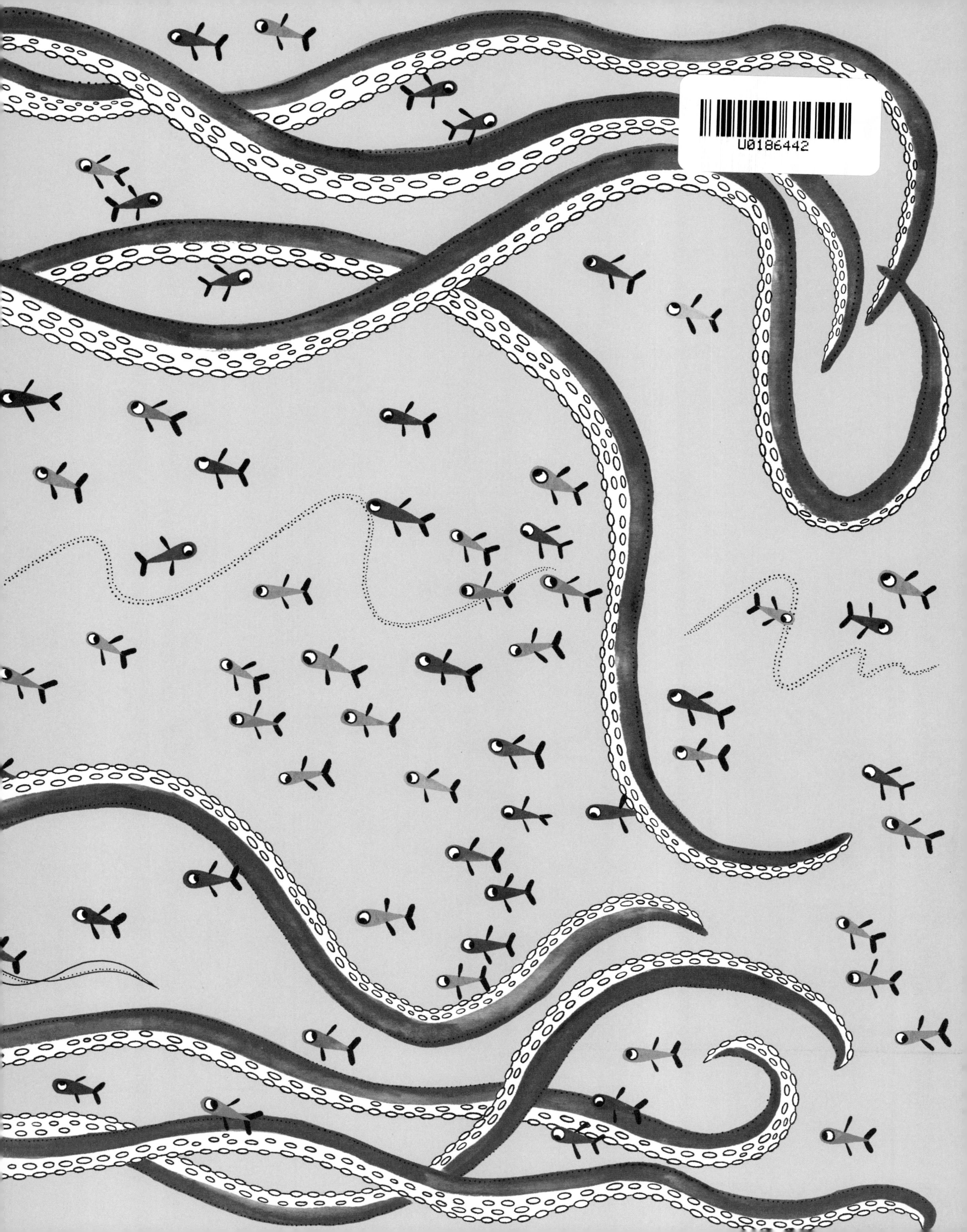

版权贸易合同登记号 图字：01-2023-2243

图书在版编目（CIP）数据
一千零一条鱼 /（法）乔安娜・雷萨克著、绘；张昕译. --北京：电子工业出版社，2023.7
（小世界科普启蒙图画书）
ISBN 978-7-121-45740-1

Ⅰ.①一… Ⅱ.①乔… ②张… Ⅲ.①鱼类－少儿读物 Ⅳ.①Q959.4-49

中国国家版本馆CIP数据核字（2023）第103975号

责任编辑：范丽鹏
文字编辑：班　照
印　　刷：天津图文方嘉印刷有限公司
装　　订：天津图文方嘉印刷有限公司
出版发行：电子工业出版社
　　　　　北京市海淀区万寿路173信箱　邮编：100036
开　　本：787×1092　1/8　印张：4　　字数：44.85千字
版　　次：2023年7月第1版
印　　次：2023年7月第1次印刷
定　　价：78.00元

凡所购买电子工业出版社图书有缺损问题，请向购买书店调换。若书店售缺，请与本社发行部联系，联系及邮购电话：（010）88254888，88258888。

质量投诉请发邮件至zlts@phei.com.cn，盗版侵权举报请发邮件至dbqq@phei.com.cn。

本书咨询联系方式：（010）88254161 转1862，fanlp@phei.com.cn。

小世界科普启蒙图画书

一千零一条鱼

[法]乔安娜·雷萨克 著/绘　张昕 译

電子工業出版社
Publishing House of Electronics Industry
北京·BEIJING

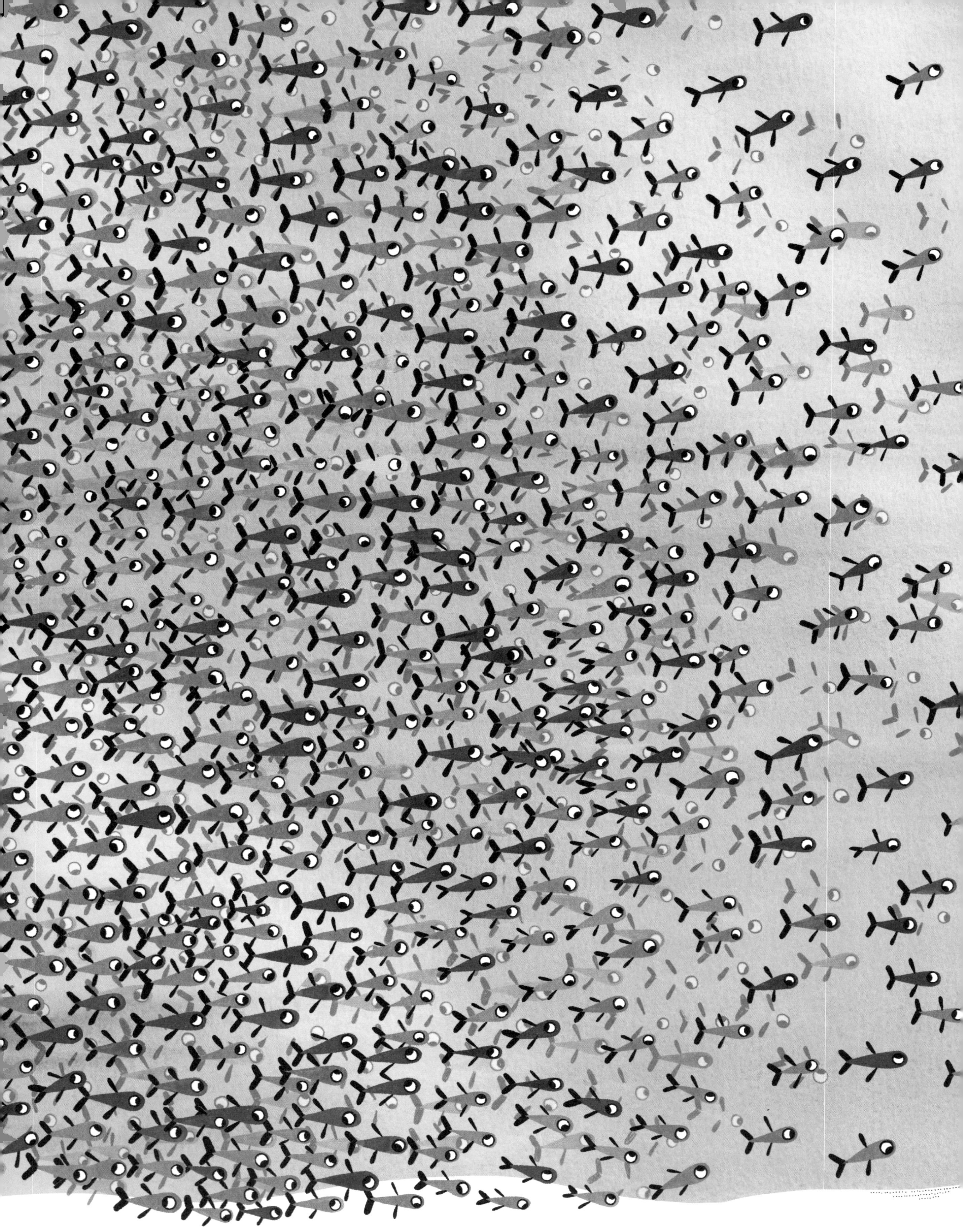

清晨，太阳升了起来。
夜晚已经过去，
危险的大型捕食者也都不见了。
小鱼们可以自由自在地游来游去了。
不过，为了安全起见它们并没有完全散开。
现在，它们要一起去探索美丽的大海啦！

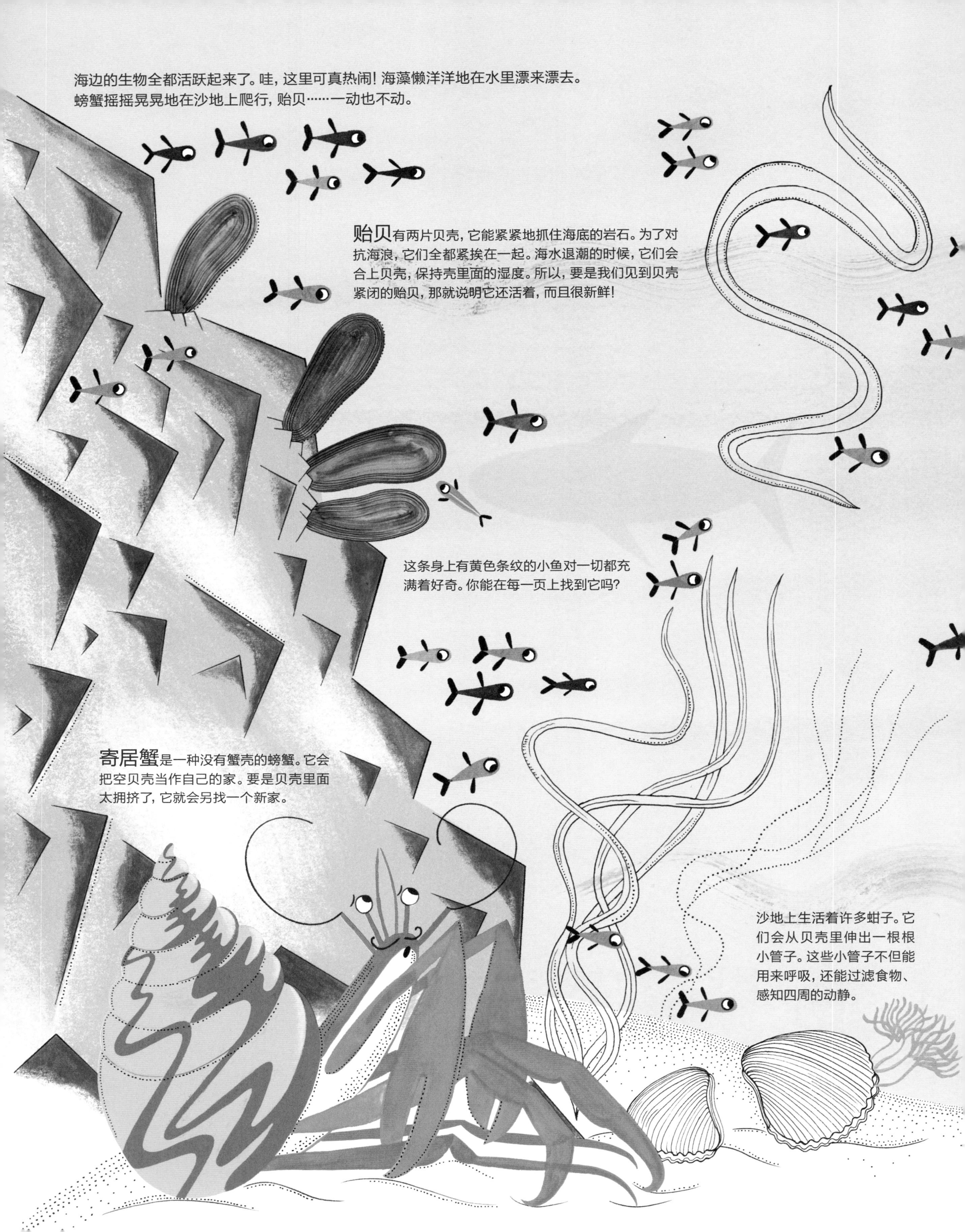
海边的生物全都活跃起来了。哇，这里可真热闹！海藻懒洋洋地在水里漂来漂去。螃蟹摇摇晃晃地在沙地上爬行，贻贝……一动也不动。
贻贝有两片贝壳，它能紧紧地抓住海底的岩石。为了对抗海浪，它们全都紧挨在一起。海水退潮的时候，它们会合上贝壳，保持壳里面的湿度。所以，要是我们见到贝壳紧闭的贻贝，那就说明它还活着，而且很新鲜！
这条身上有黄色条纹的小鱼对一切都充满着好奇。你能在每一页上找到它吗？
寄居蟹是一种没有蟹壳的螃蟹。它会把空贝壳当作自己的家。要是贝壳里面太拥挤了，它就会另找一个新家。
沙地上生活着许多蛤子。它们会从贝壳里伸出一根根小管子。这些小管子不但能用来呼吸，还能过滤食物、感知四周的动静。

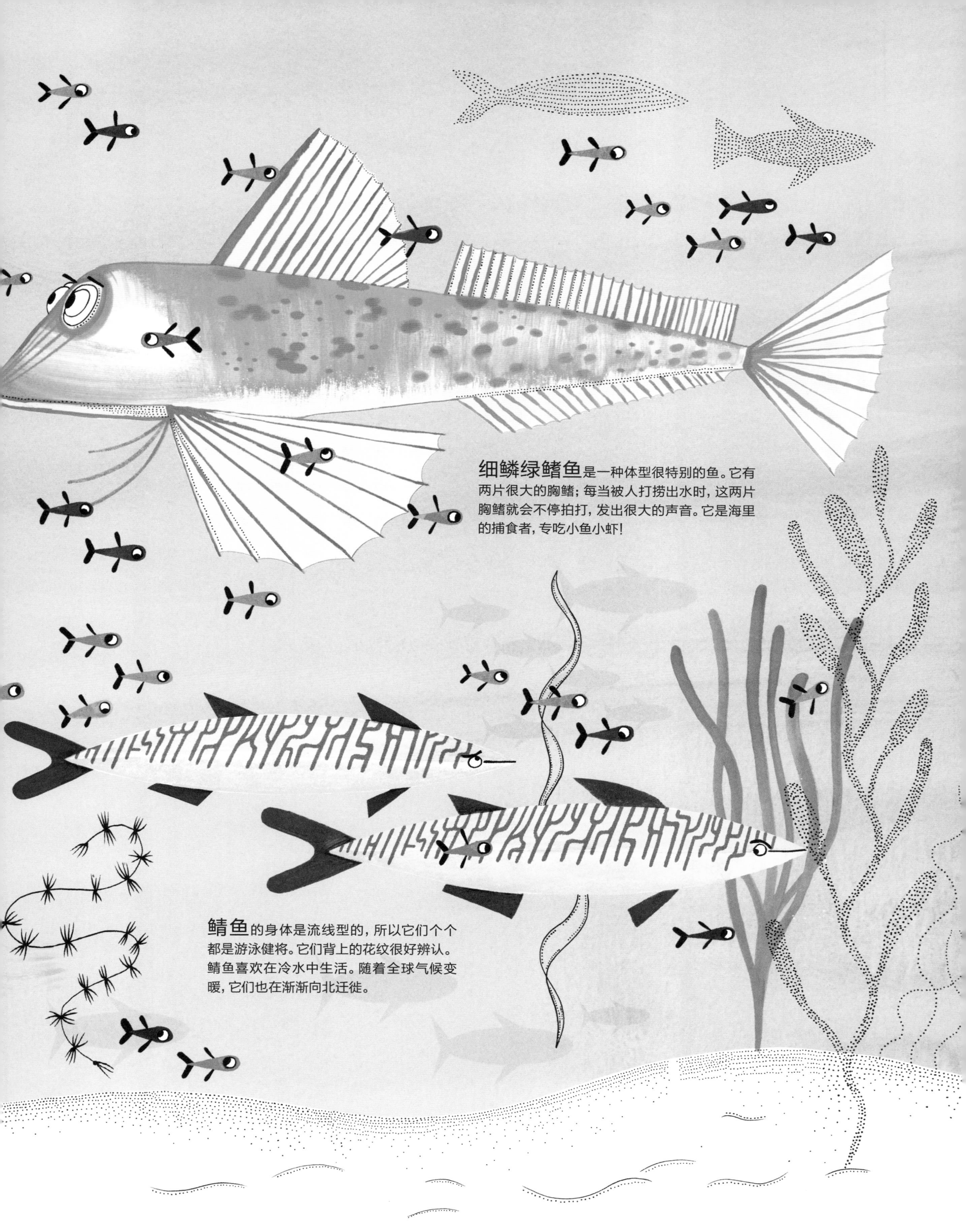

细鳞绿鳍鱼是一种体型很特别的鱼。它有两片很大的胸鳍；每当被人打捞出水时，这两片胸鳍就会不停拍打，发出很大的声音。它是海里的捕食者，专吃小鱼小虾！

鲭鱼的身体是流线型的，所以它们个个都是游泳健将。它们背上的花纹很好辨认。鲭鱼喜欢在冷水中生活。随着全球气候变暖，它们也在渐渐向北迁徙。

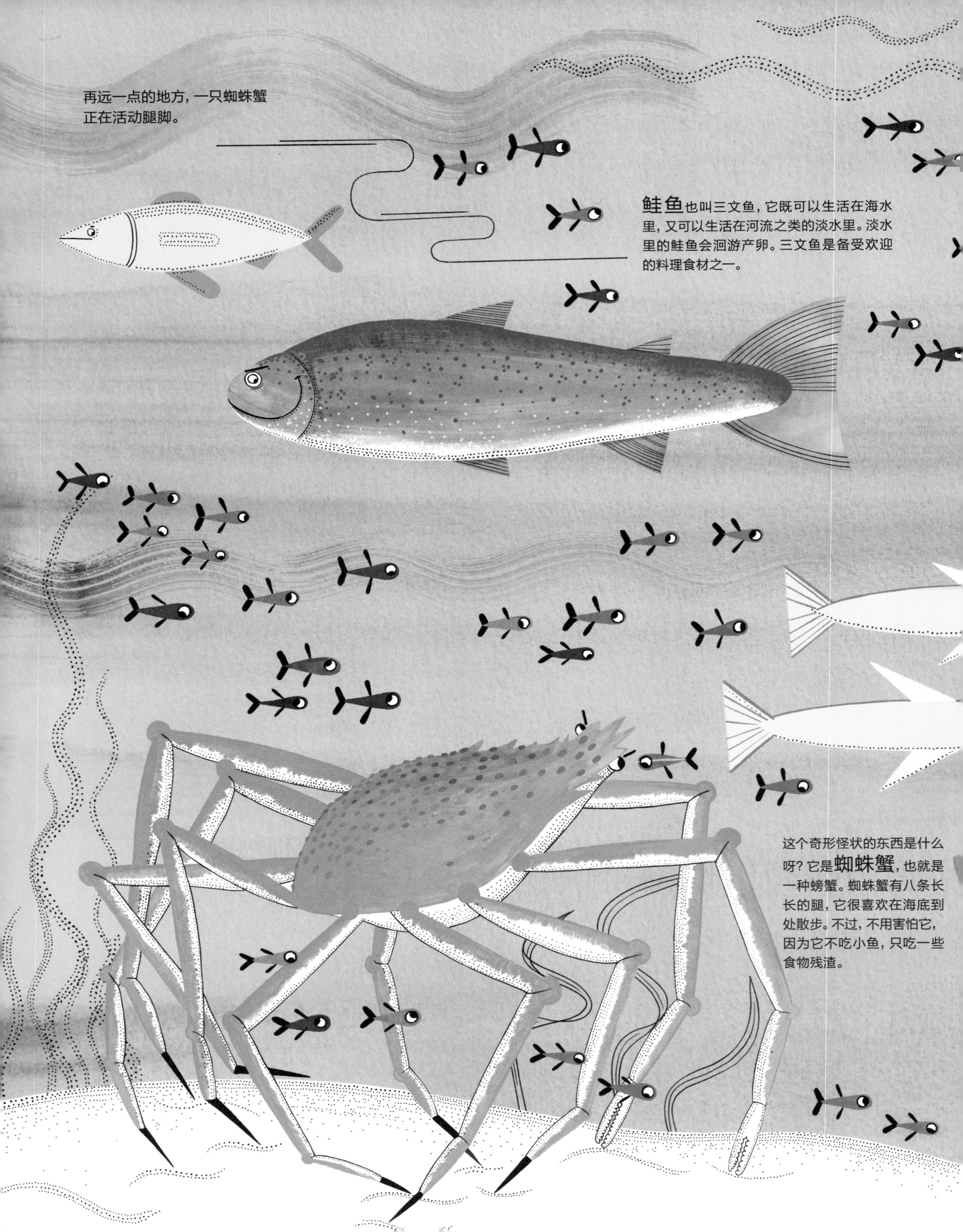

再远一点的地方，一只蜘蛛蟹正在活动腿脚。

鲑鱼也叫三文鱼，它既可以生活在海水里，又可以生活在河流之类的淡水里。淡水里的鲑鱼会洄游产卵。三文鱼是备受欢迎的料理食材之一。

这个奇形怪状的东西是什么呀？它是**蜘蛛蟹**，也就是一种螃蟹。蜘蛛蟹有八条长长的腿，它很喜欢在海底到处散步。不过，不用害怕它，因为它不吃小鱼，只吃一些食物残渣。

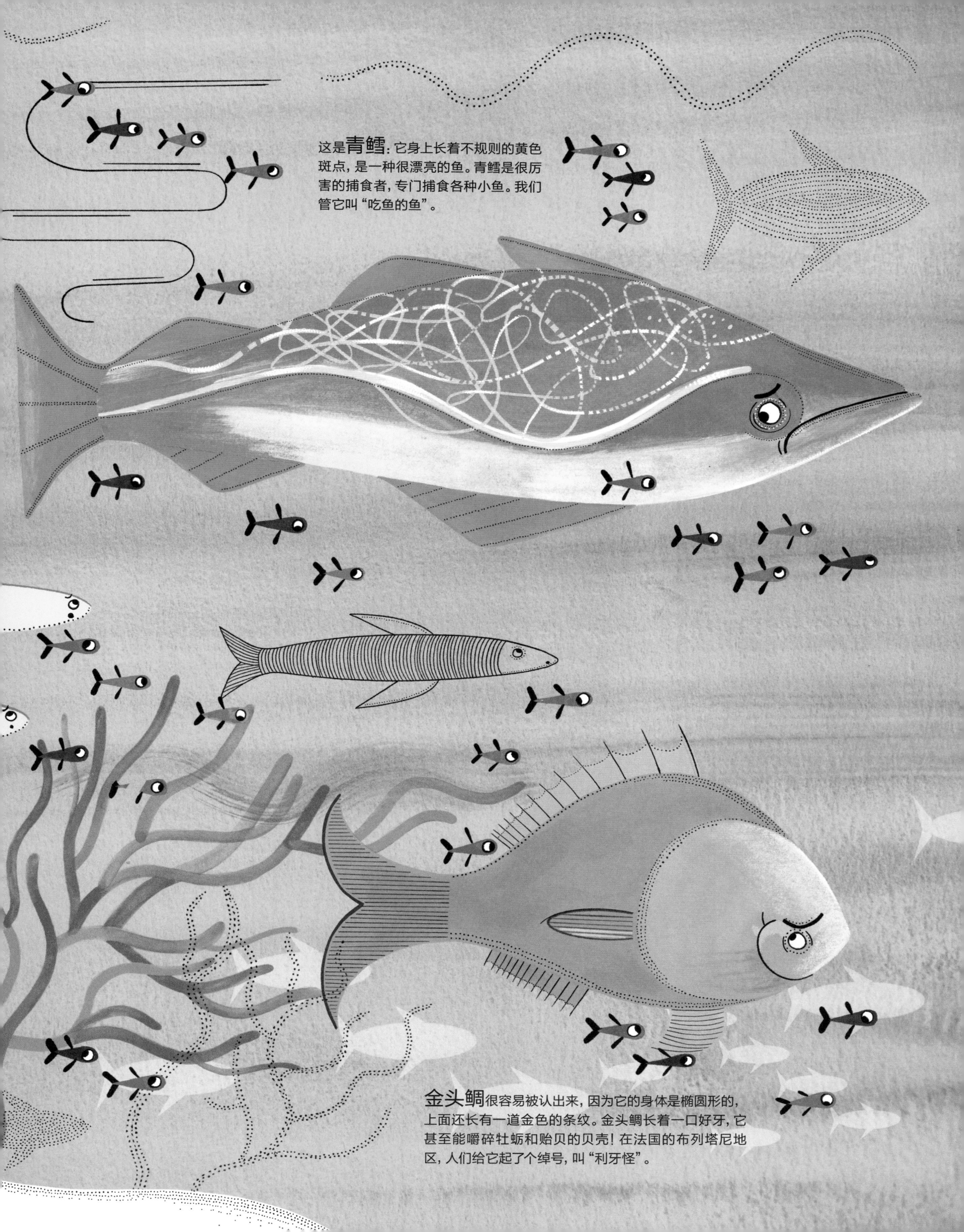

这是**青鳕**：它身上长着不规则的黄色斑点，是一种很漂亮的鱼。青鳕是很厉害的捕食者，专门捕食各种小鱼。我们管它叫“吃鱼的鱼”。

金头鲷很容易被认出来，因为它的身体是椭圆形的，上面还长有一道金色的条纹。金头鲷长着一口好牙，它甚至能嚼碎牡蛎和贻贝的贝壳！在法国的布列塔尼地区，人们给它起了个绰号，叫“利牙怪”。

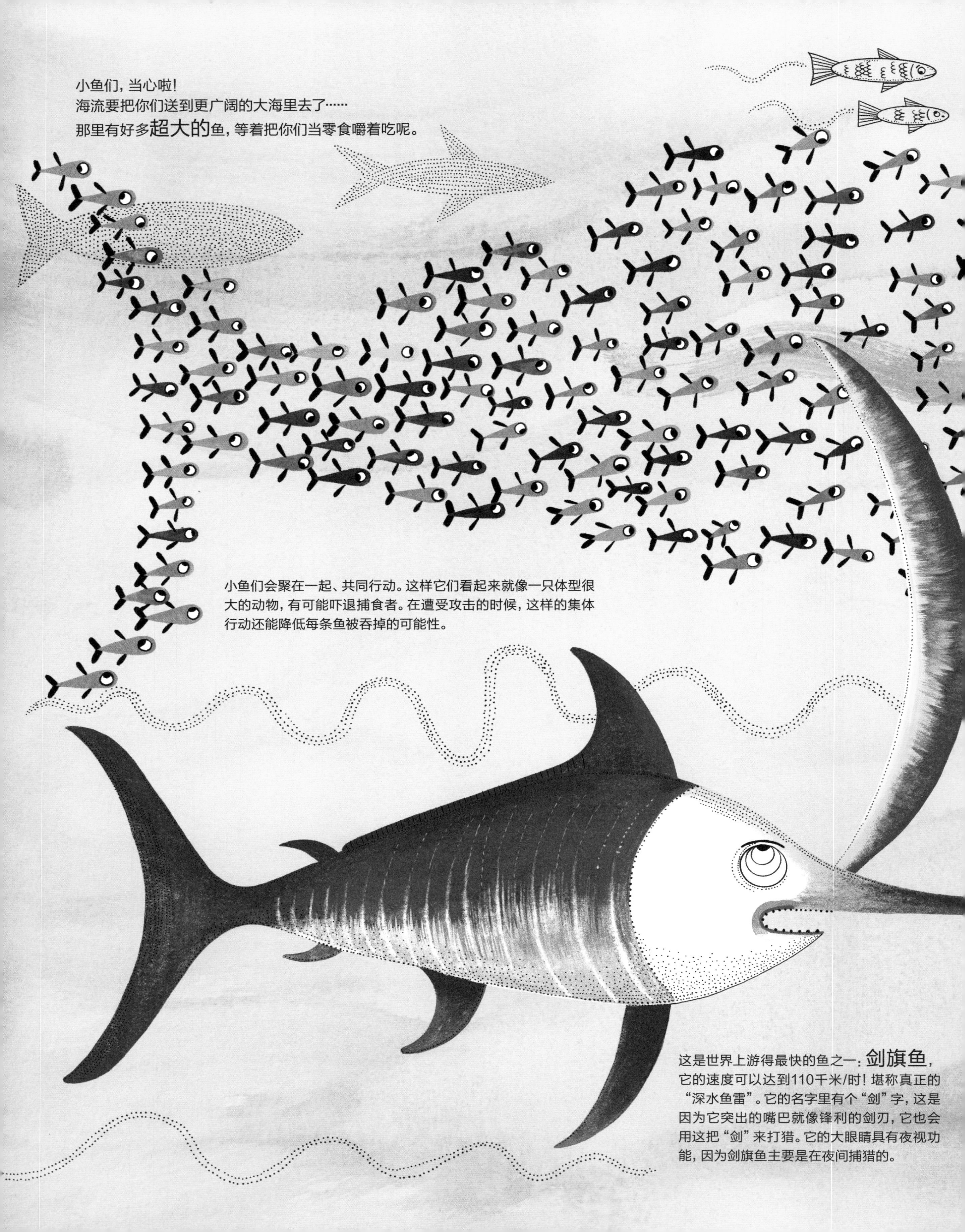

小鱼们，当心啦！
海流要把你们送到更广阔的大海里去了……
那里有好多**超大的**鱼，等着把你们当零食嚼着吃呢。

小鱼们会聚在一起、共同行动。这样它们看起来就像一只体型很大的动物，有可能吓退捕食者。在遭受攻击的时候，这样的集体行动还能降低每条鱼被吞掉的可能性。

这是世界上游得最快的鱼之一：**剑旗鱼**，它的速度可以达到110千米/时！堪称真正的“深水鱼雷”。它的名字里有个“剑”字，这是因为它突出的嘴巴就像锋利的剑刃，它也会用这把“剑”来打猎。它的大眼睛具有夜视功能，因为剑旗鱼主要是在夜间捕猎的。

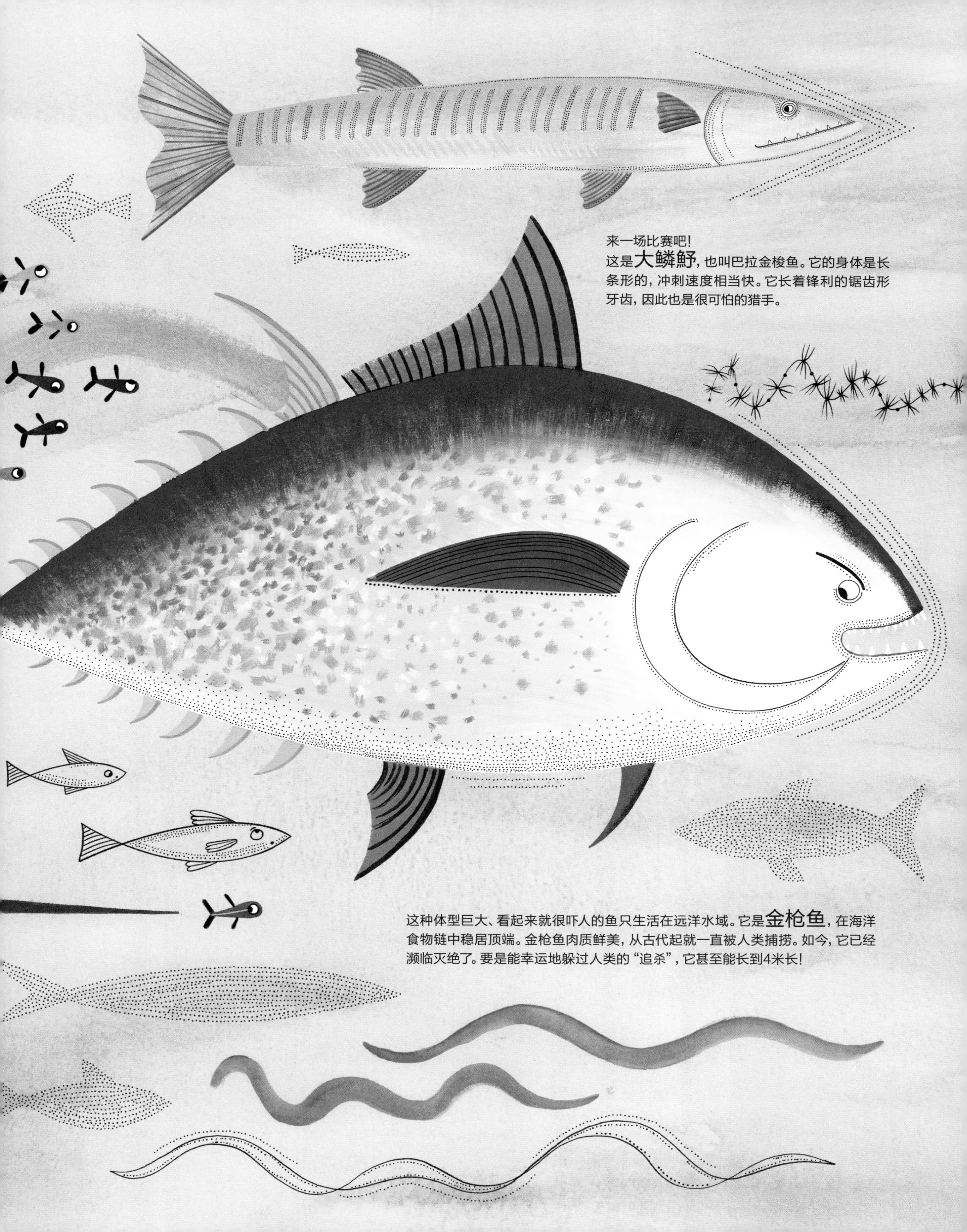

来一场比赛吧！
这是**大鳞魣**，也叫巴拉金梭鱼。它的身体是长条形的，冲刺速度相当快。它长着锋利的锯齿形牙齿，因此也是很可怕的猎手。

这种体型巨大、看起来就很吓人的鱼只生活在远洋水域。它是**金枪鱼**，在海洋食物链中稳居顶端。金枪鱼肉质鲜美，从古代起就一直被人类捕捞。如今，它已经濒临灭绝了。要是能幸运地躲过人类的“追杀”，它甚至能长到4米长！

当心，有鸟！危险不只来自海中的大鱼，也可能来自空中！海鸟常常以小鱼为食；而且，它们一点儿都不怕把头扎进水里。
这种很威风的大鸟是白鹈鹕。它最容易被辨认出来的地方就是可以伸缩的嘴巴。这种嘴巴的下半部分就像一个大口袋，只要稍微张开嘴就能装上许多条小鱼。这贪吃的大家伙嚼都不嚼，就把小鱼全都直接吞下肚了！

北鲣鸟有一双蓝色的脚。它可是个潜水专家，甚至能以190千米/时的速度扎进水里，是不是非常厉害！这种速度会对它的头部产生巨大的冲击力。但是不用担心，它的眼睛上长有一层保护膜，它还会在入水时紧紧地收拢翅膀——这都是为了降低对身体的冲击力。这样一来，它就能直接潜到水下十几米深的地方。

燕鸥也被叫作海燕，是一种小型海鸟，飞翔的姿态特别优雅。

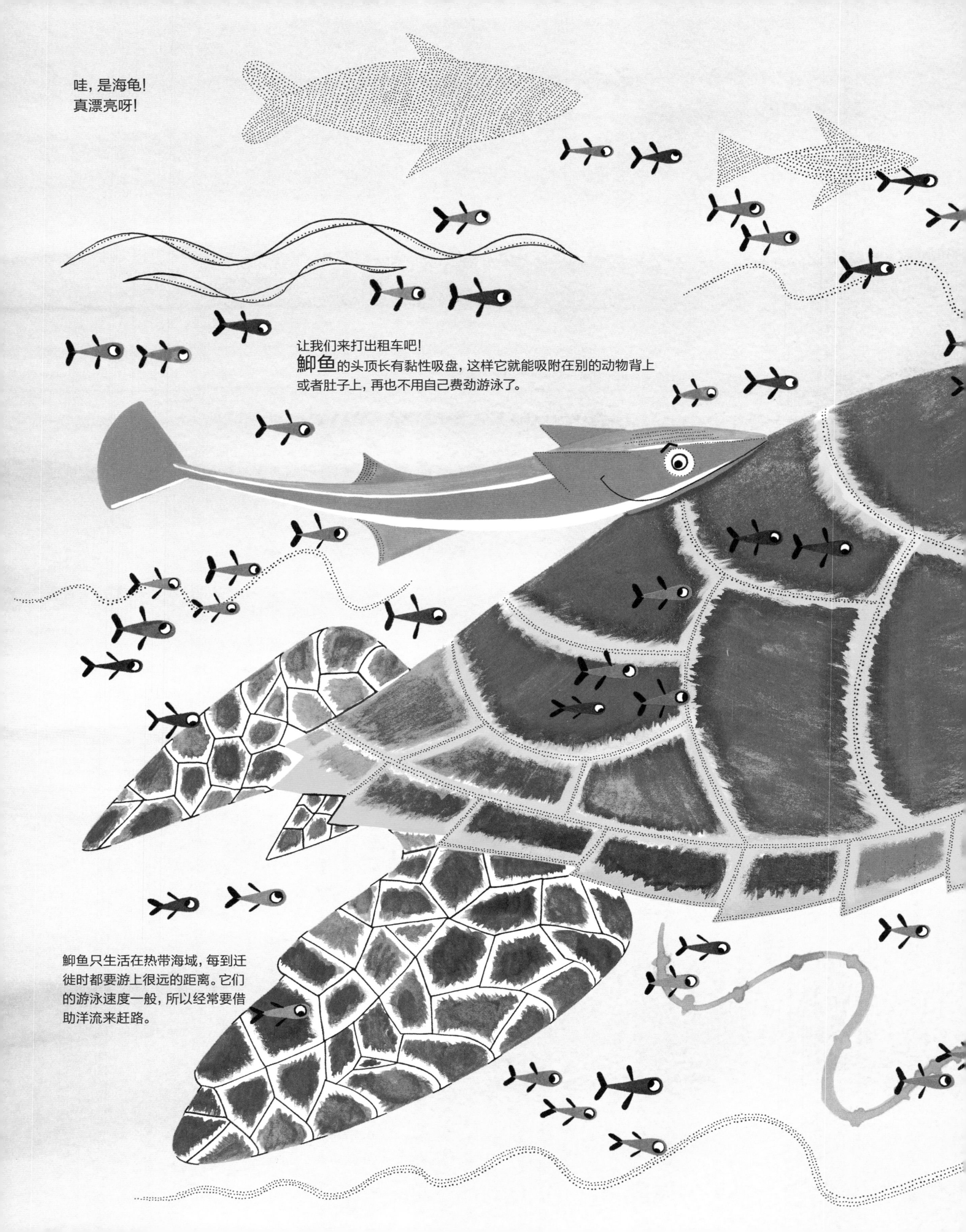
哇，是海龟！
真漂亮呀！
让我们来打出租车吧！
鲫鱼的头顶长有黏性吸盘，这样它就能吸附在别的动物背上或者肚子上，再也不用自己费劲游泳了。
鲫鱼只生活在热带海域，每到迁徙时都要游上很远的距离。它们的游泳速度一般，所以经常要借助洋流来赶路。

这是玳瑁，也叫鹰嘴海龟。因为有着美丽的外壳，它经常被人类捕猎，现在已经被列入濒危物种名单了。
玳瑁的主食是各种水母。它的嘴里没有牙齿，因此只能用钩子形状的嘴巴来撕扯猎物。它的背甲就像屋顶上的瓦片一样，一层叠一层地排列在一起。

加勒比海的海水很温暖，这片海洋是一个多姿多彩的世界。
欢迎来到珊瑚礁！这里是许多种珊瑚、鱼类和海龟的美丽家园。在这里，它们都能找到丰富的食物，还能躲避各自的捕食者。
这是鱼，还是马？海马就是“海中之马”的意思。海马平时是直立着游泳的。它的游泳速度很慢，所以通常会等着猎物朝自己游过来。海马的鼻子就像吸尘器，能把食物直接吸进鼻孔里……
海星平铺在海底生活，它们是不会游泳的。海星长着5条长满小棘刺的“胳膊”，平时就靠这些“胳膊”来移动，但是移动速度非常慢。这些“胳膊”学名叫管足。

珊瑚是珊瑚虫的分泌物。珊瑚虫是一种小小的有机体，它们跟藻类形成了共生关系，并由此形成了珊瑚的各种颜色。真是让人眼花缭乱呢！
珊瑚礁是一种非常脆弱的生态系统。只要水温略微升高，它们就可能彻底死掉！死去的珊瑚礁因为失去了自己的“居民”（珊瑚虫和藻类）而没有了绚丽的色彩，这种现象就是**珊瑚白化**。
小丑鱼

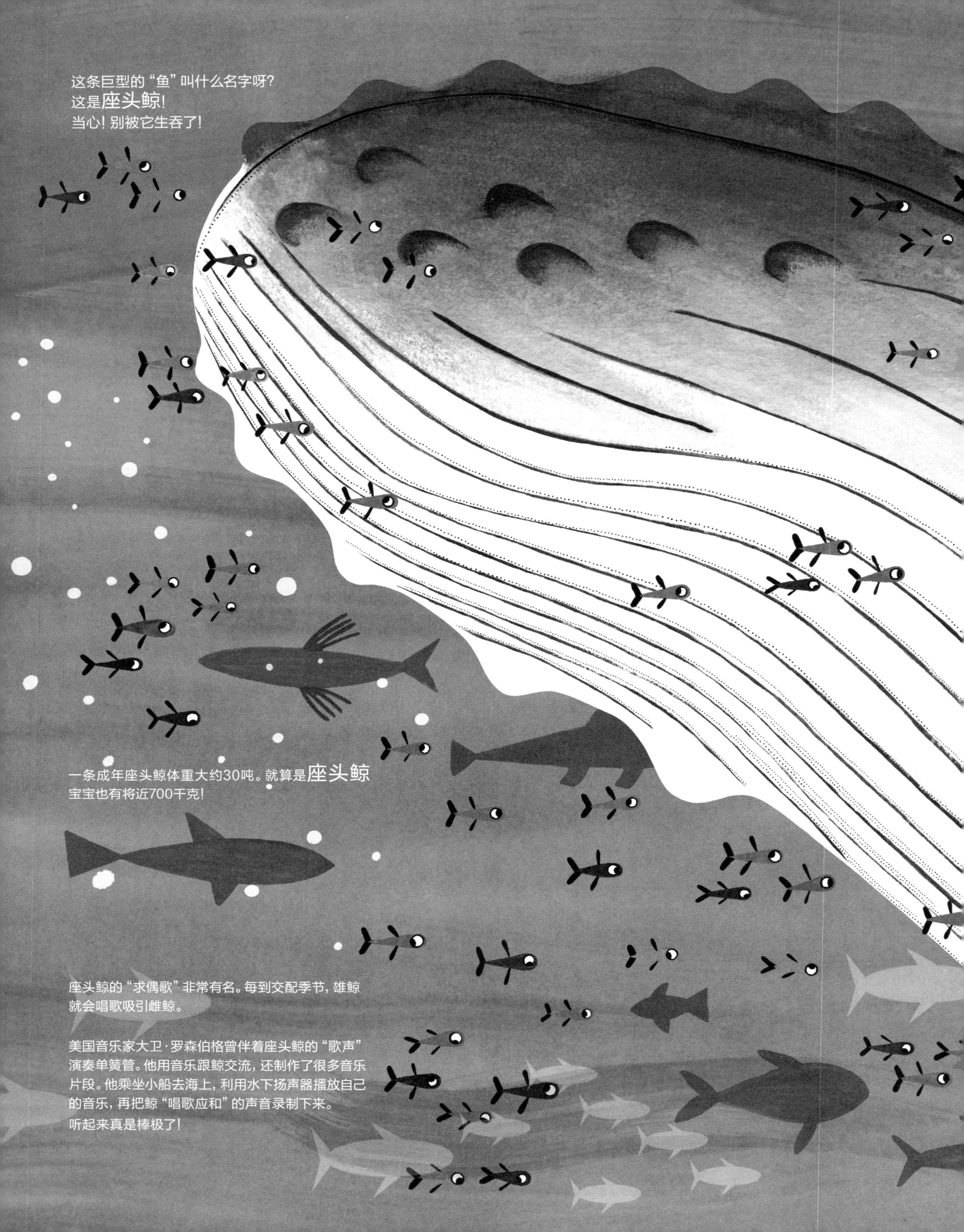

这条巨型的“鱼”叫什么名字呀？
这是座头鲸！
当心！别被它生吞了！

一条成年座头鲸体重大约30吨。就算是座头鲸宝宝也有将近700千克！

座头鲸的“求偶歌”非常有名。每到交配季节，雄鲸就会唱歌吸引雌鲸。

美国音乐家大卫·罗森伯格曾伴着座头鲸的“歌声”演奏单簧管。他用音乐跟鲸交流，还制作了很多音乐片段。他乘坐小船去海上，利用水下扬声器播放自己的音乐，再把鲸“唱歌应和”的声音录制下来。
听起来真是棒极了！

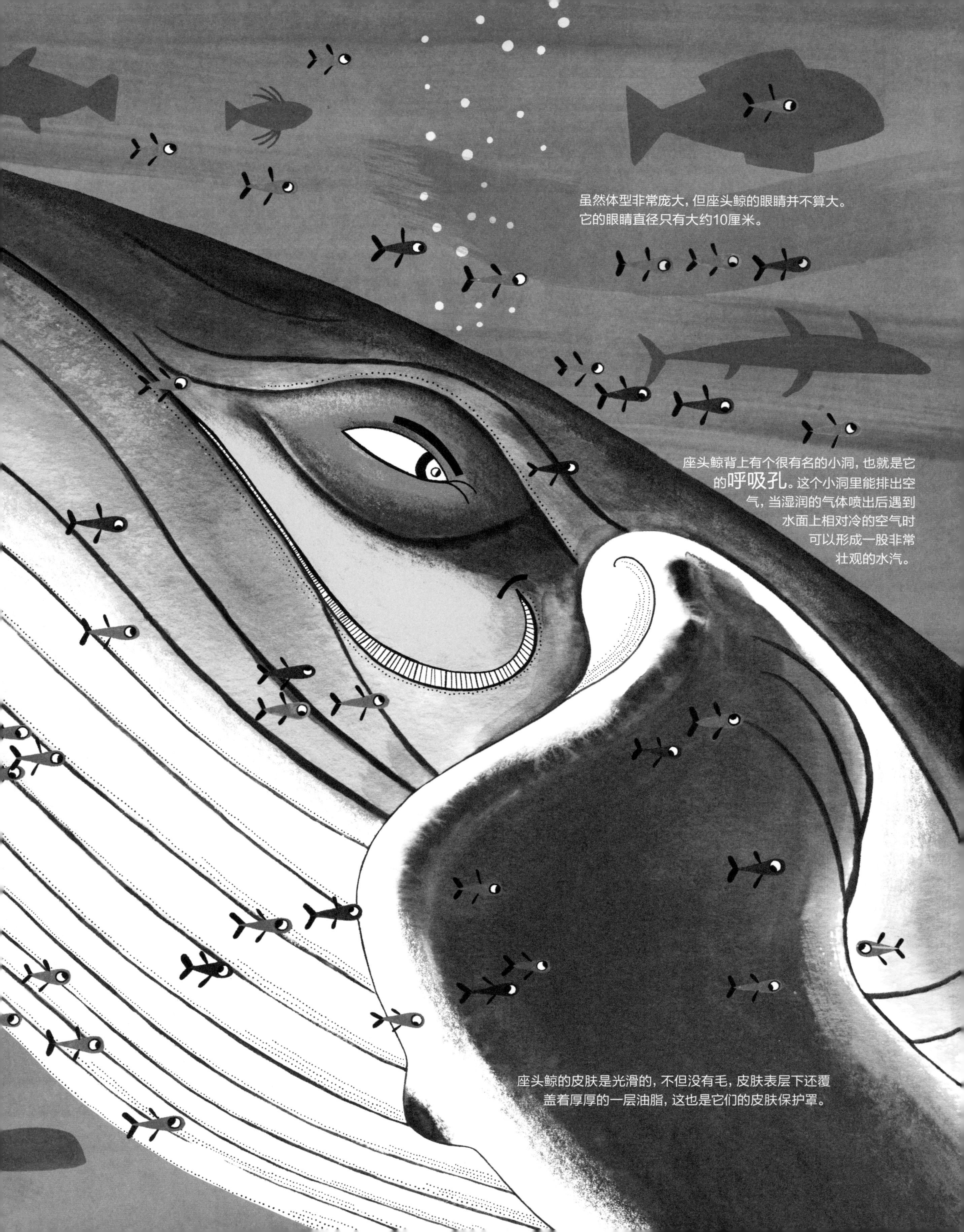

虽然体型非常庞大，但座头鲸的眼睛并不算大。
它的眼睛直径只有大约10厘米。

座头鲸背上有个很有名的小洞，也就是它的**呼吸孔**。这个小洞里能排出空气，当湿润的气体喷出后遇到水面上相对冷的空气时可以形成一股非常壮观的水汽。

座头鲸的皮肤是光滑的，不但没有毛，皮肤表层下还覆盖着厚厚的一层油脂，这也是它们的皮肤保护罩。

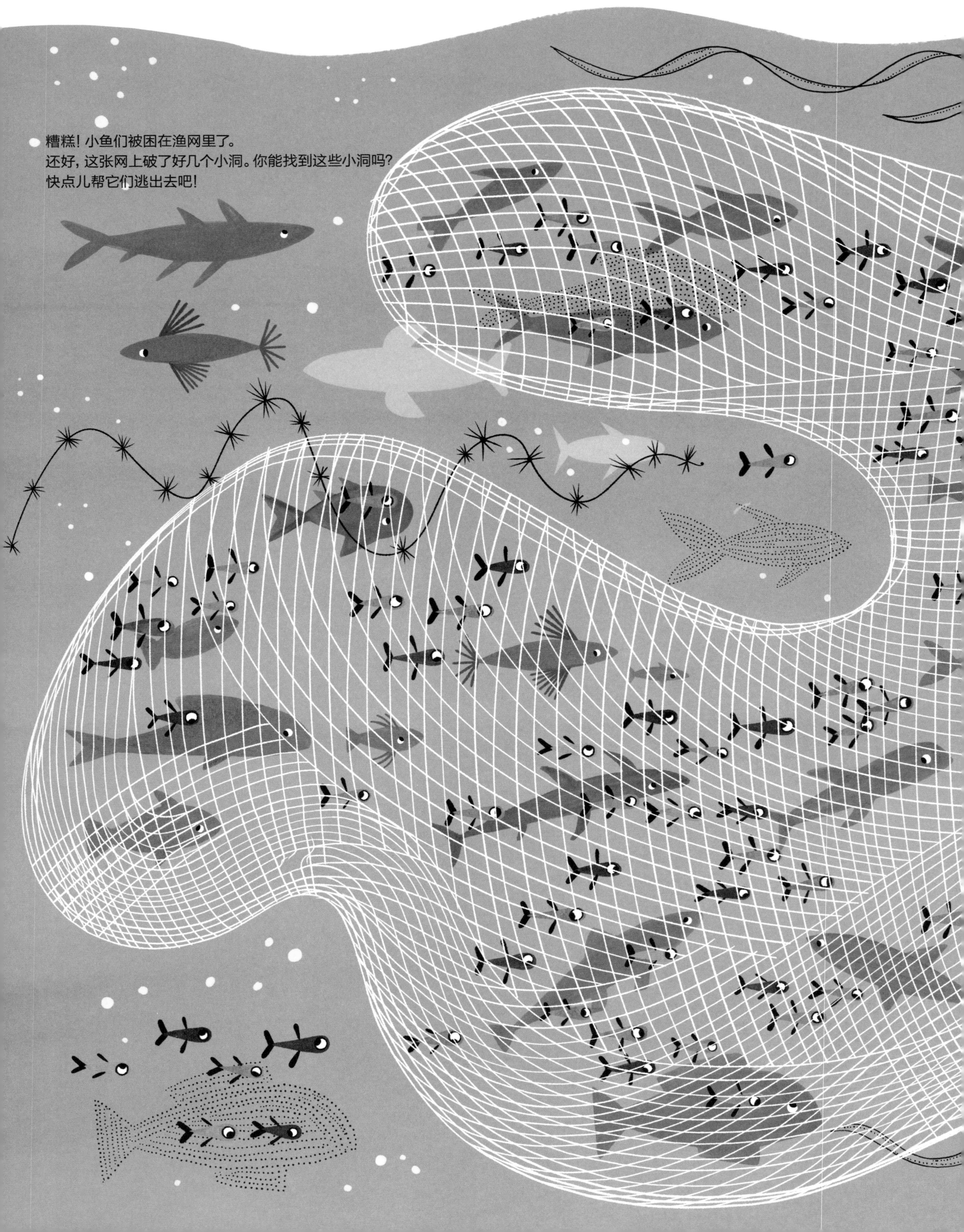

糟糕！小鱼们被困在渔网里了。
还好，这张网上破了好几个小洞。你能找到这些小洞吗？
快点儿帮它们逃出去吧！

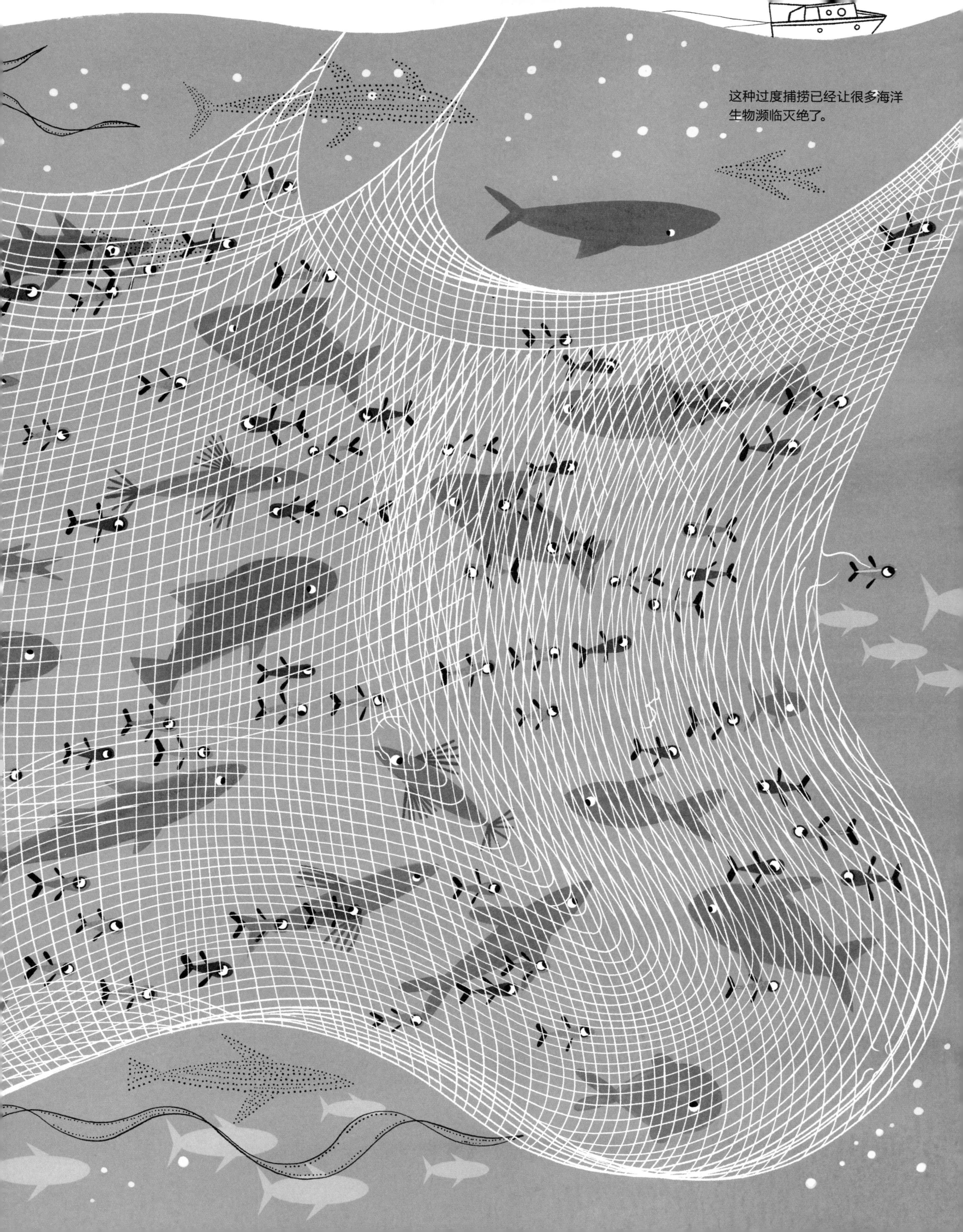

这种过度捕捞已经让很多海洋生物濒临灭绝了。

咦？这些东西是怎么跑到大海里去的？“从这里开始就是大海”：在法国，每个下水道口旁边都会立着这样一个牌子。也就是说，我们扔进水里的东西，最后都会进入海洋！

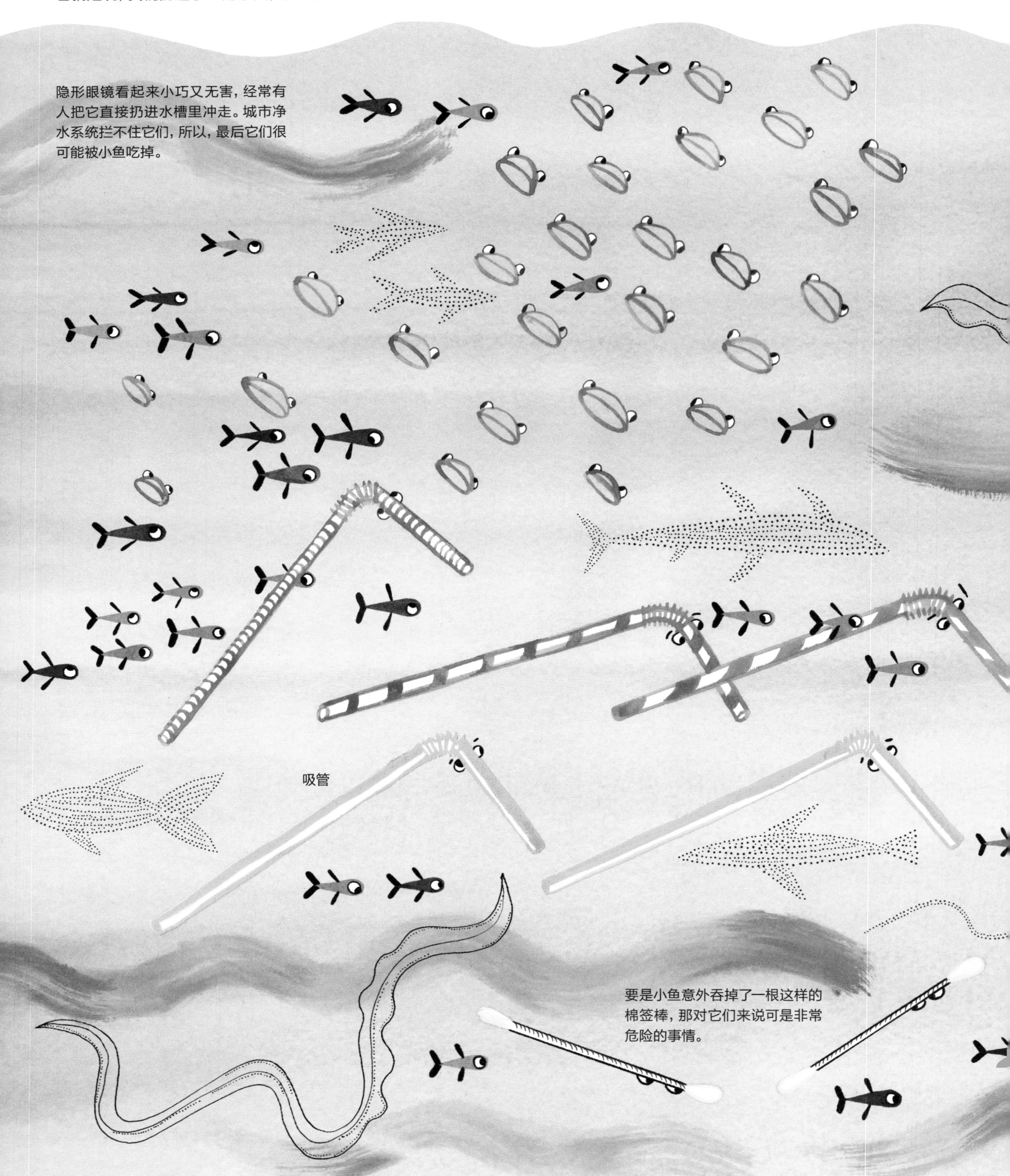

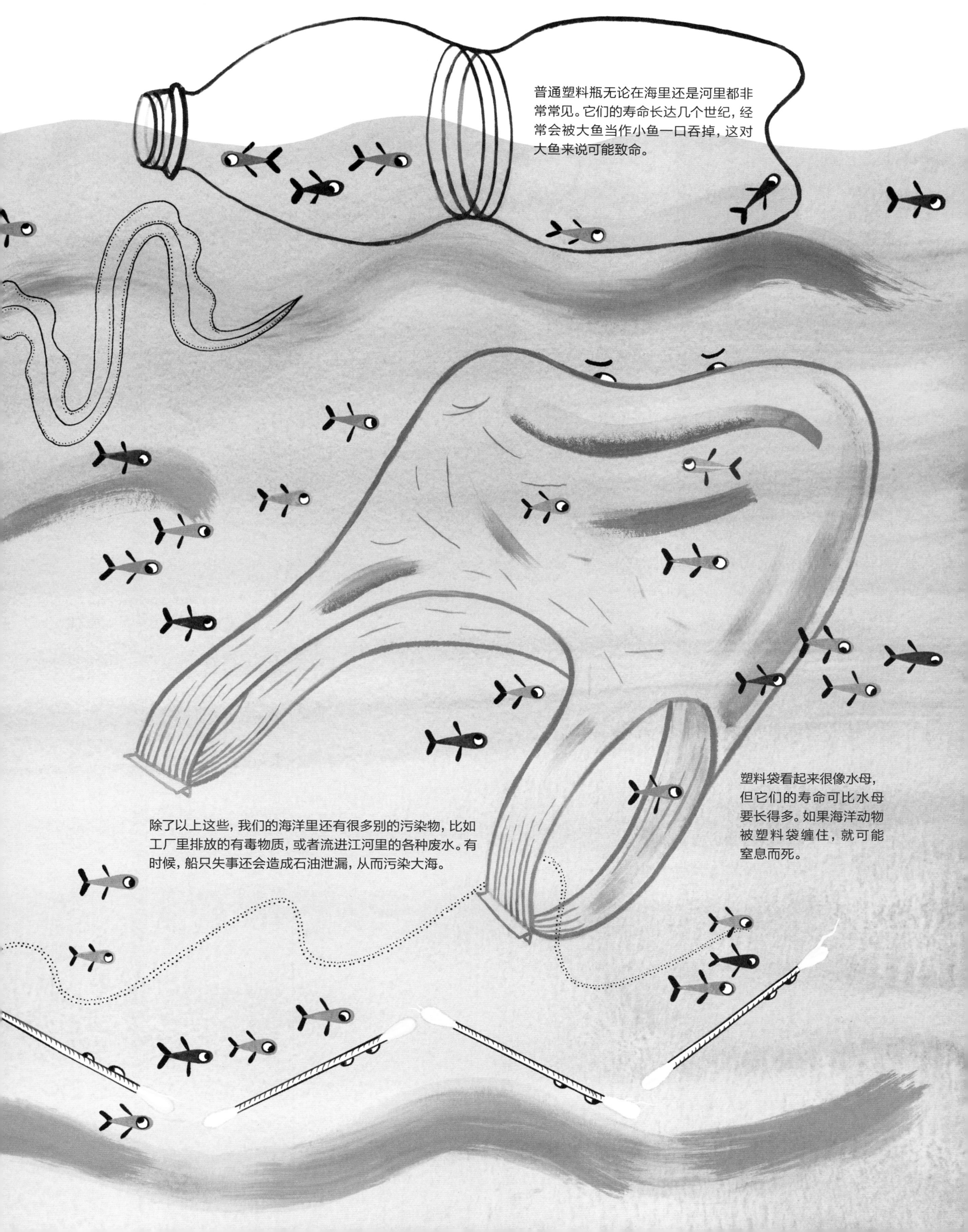
普通塑料瓶无论在海里还是河里都非常常见。它们的寿命长达几个世纪，经常会被大鱼当作小鱼一口吞掉，这对大鱼来说可能致命。
塑料袋看起来很像水母，但它们的寿命可比水母要长得多。如果海洋动物被塑料袋缠住，就可能窒息而死。
除了以上这些，我们的海洋里还有很多别的污染物，比如工厂里排放的有毒物质，或者流进江河里的各种废水。有时候，船只失事还会造成石油泄漏，从而污染大海。

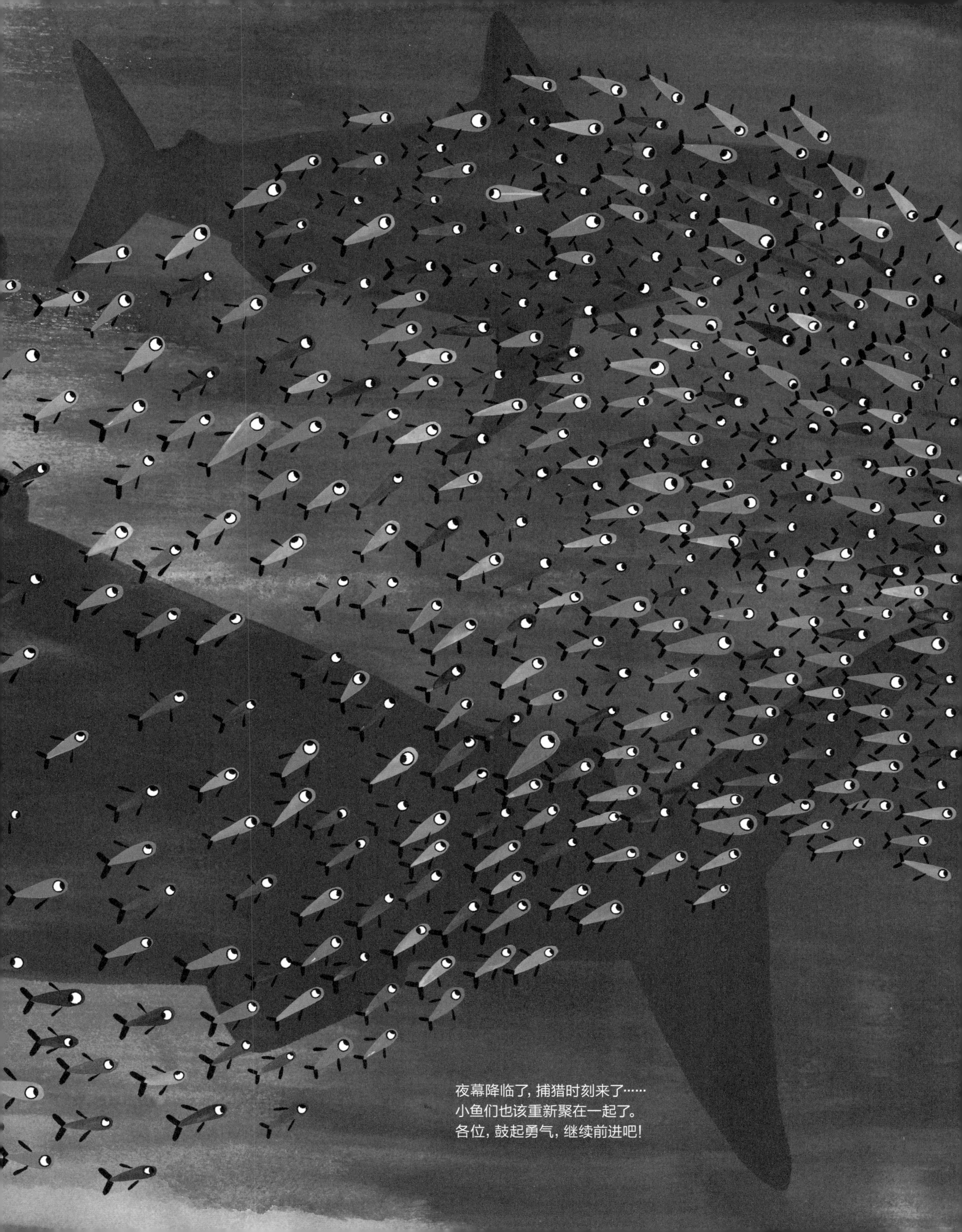

夜幕降临了，捕猎时刻来了……
小鱼们也该重新聚在一起了。
各位，鼓起勇气，继续前进吧！

很多鱼都睡了，可还有些鱼不想睡……
夜晚的海洋是闪闪发亮的。这种现象被称为“生物发光”。

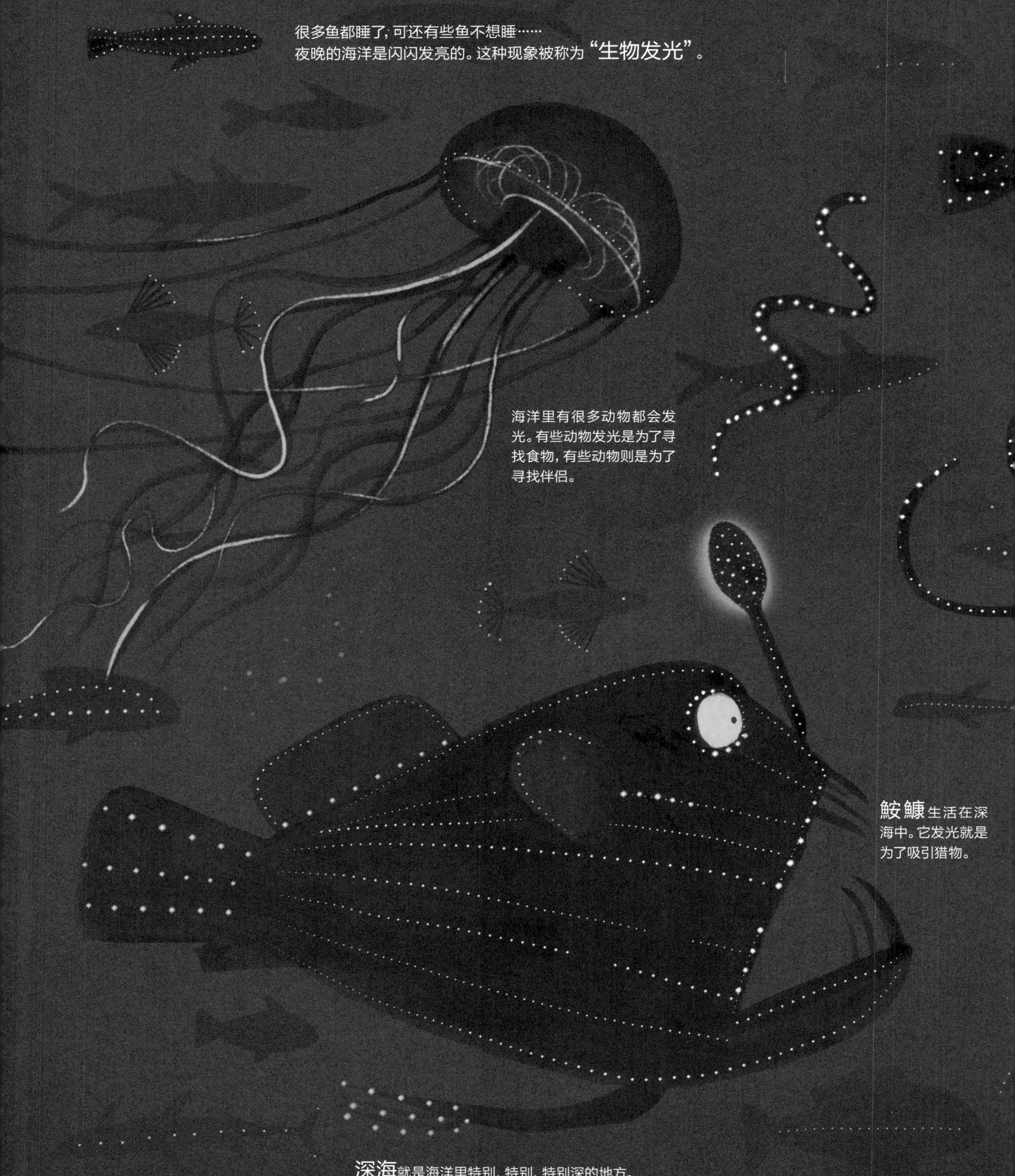

海洋里有很多动物都会发光。有些动物发光是为了寻找食物，有些动物则是为了寻找伴侣。

鮟鱇生活在深海中。它发光就是为了吸引猎物。

深海就是海洋里特别、特别、特别深的地方。